BEI GRIN MACHT SICH IHR WISSEN BEZAHLT

- Wir veröffentlichen Ihre Hausarbeit,
  Bachelor- und Masterarbeit

- Ihr eigenes eBook und Buch -
  weltweit in allen wichtigen Shops

- Verdienen Sie an jedem Verkauf

Jetzt bei www.GRIN.com hochladen
und kostenlos publizieren

Bibliographic information published by the German National Library:

The German National Library lists this publication in the National Bibliography;
detailed bibliographic data are available on the Internet at http://dnb.dnb.de .

Imprint:

Copyright © 2019 GRIN Verlag
Print and binding: Books on Demand GmbH, Norderstedt Germany
ISBN: 9783668968745

This book at GRIN:

https://www.grin.com/document/492584

Наталья Самойлова

Informatsionno -energetichcheskiye tekhnologii, kak vozmozhnost', garmonizatsii lichnosti v usloviyakh geopoliticheskogo protranstva

GRIN Verlag

ИНФОРМАЦИОННО – ЭНЕРГЕТИЧЕСКИЕ ТЕХНОЛОГИИ, как возможность, ГАРМОНИЗАЦИИ ЛИЧНОСТИ В УСЛОВИЯХ ГЕОПОЛИТИЧЕСКОГО ПРОСТРАНСТВА.

Самойлова Н.Ф.

Особенностью современного мира становится дальнейшее уплотнение геополитического пространства в связи с развитием новых технологий, модернизации и интенсификации коммуникативных средств (1), появлением Интернета и качественно новых отношений.

Поэтому, практическая геополитика изучает проблемы, связанные с территориальными проблемами страны, с региональным использованием и разделением ресурсов, включая и человеческие (2).

Главным содержанием жизнедеятельности человека в этих условиях становится стремление приспособить мир к своим духовно-психологическим особенностям, что служит фактором, придающим понятию «национальная безопасность» новые измерения: информационное, экологическое, демографическое, энергетическое, продовольственное, духовное и т.д. (3, 4).

Человек, как особая система, стремиться к самосохранению и выполнению своих функций, важнейшими из которых являются: разделение ценностей и ресурсов и принятие соответствующих решений в качестве обязательных (5).

В связи с этим, прогресс человеческого развития неизбежно сопряжён с расширением прав и обязанностей человека, что детерминировано социально-экономическими условиями, уровнем демократии и культуры, образом жизни и мышления личности (6).

Сказанное подчёркивает необходимость выбора человеком способа бытия, который позволил бы ему гармонично вписаться в изменившийся мир и не противоречить целостности Природы.

Не понимая Законов Природы, в частности, Саморегуляции и Закона Ритма, люди приводят себя к дезадаптации, что ведёт к заболеваемости и смертности.

Следует констатировать, что современные люди утратили целостное понимание природы и себя в ней. Этот фактор является ключевым в нарастании заболеваемости и смертности населения, снижении показателей его воспроизводства.

Целью данной статьи является научное обоснование информационно-энергетической технологии «Способ энергетической коррекции здоровья» - далее «Способ»(7).

В современных условиях формируется методология интегративной науки, целью которой является объединение положительного опыта нетрадиционной (современной) и традиционной медицины, социологии, педагогики, информатики.

Предлагаемая технология является универсальной технологией научного и практического направления информационно-энергетической концепции в разработке и решении фундаментальных социально-биологических проблем.

«Обратимся к себе. Мы гипербореи – мы достаточно хорошо знаем, как далеко в стороне мы живем. «Ни землей, ни водой ты не найдешь пути к гипербореям…». По ту сторону севера, льда, смерти - наша жизнь, наше счастье.

Среди моих сочинений мой Заратустра занимает особое место. Им сделал я человечеству величайший дар из всех, сделанных ему до сих пор. Это книга, с голосом, звучащим над тысячелетиями».

Фридрих Ницше.

Мудрец Гете предупреждал, что «природа не признает шуток, она … всегда серьезна, всегда строга, она всегда права, ошибки же и заблуждения исходят от людей». Приняв этот постулат, нам стоит посмотреть на себя со стороны и поискать пути, даже забытые, не противоречащие Природе и Жизни, позволяющие соответствовать восходящей линии Жизни, а не линии decadence (упадка).

И был Золотой век и были столетия традиций античного мира.

«Все существенное было найдено, чтобы можно было приступить к работе: методы, повторяю десять раз, это и есть самое существенное, а вместе с тем самое трудное, то, к чему упорнее всего противятся привычки и леность» (8) .

Можно только констатировать, но современные люди утратили целостное понимание Природы и себя в ней. Медицина, в частности, может только лечить болезни. То есть делать их комфортными, уменьшать страдания от них.

Парадоксально, но в медицинских вузах учат, как лечить болезни, но не учат, КАК НЕ БОЛЕТЬ. Сложная задача, но и понимание задачи уже есть прогресс.

Один из постулатов Жизни – системность и структурность материи. Мы не будем здесь рассматривать строение Мира, он Божественен и Бесконечен, но Законы, действующие в Макромире и Микромире универсальны и аналогичны для всех Миров, действие их сопоставимо и это обеспечивает возможность их познания. По законам соответствия все обретаем во всем там, где часть заменяет целое. Используя особенности всего Живого, можно эффективно работать на благо Жизни.

Элемент, связывающий все земные и космические процессы, есть Энергия, как мера поведения вещества; она определяет развитие Бытия в проявленной (мир плотный – видимый) и не проявленной (мир Духа, Души) материи.

Наступил XX1 век, т.е. произошла смена тысячелетних ритмов. Это привело к новому совместному Знанию; формируется новое Со - Знание. Это Со-знание отличается от стандартных, общепринятых категорий, положений, норм новой энергоинформационной наполненностью. И не случайно, именно, на нынешнем этапе развития человечества появились фундаментальные работы, меняющие наше понимание Природы, расширяющие Знания о ней (9, 10, 11).

Материя существует в виде вещества или поля. Элементарными формами движения материи являются: тепловая, магнитная, электрическая, ротационная (кручения), вибрационная, метрическая (пространства), хрональная (времени). Самое важное свойство всех элементарных форм движения заключается в их органической связи между собой; они связаны внутри субстанции. Благодаря имеющейся связи, любая элементарная форма движения материи способна и вынуждена превращаться в любую другую форму движения.

Исходя из Единой теории поля, уже на уровне Абсолютного Ничто содержится матрица (программа) Вселенной, которая порождает матрицы (программы) первичного вакуума, физического вакуума (вещества) и физических тел. В том числе и Человека. Сверх сознание (Абсолютное Ничто) есть везде и присутствует всюду. Матрица человека в нашем трехмерном мире — это около 3-х тысяч энергетических точек организма; энергетическая система Человека включает в себя энергетические точки, каналы, центры, связи, в т.ч., связи со своей памятью. «Братья мои, вслушайтесь лучше в голос здорового тела: чист и честен голос его. Тело - это великий разум, великое множество с единым сознанием, война и мир, стадо и пастырь» (12).. В 1872 г. вышла книга Э. Бэбита «Принципы света и цвета». В ней была дана энергетическая модель атома: вращающееся ядро (спиновая характеристика) и орбиты с нелетающими электронами. Атом – открытая система; она получает материю извне и за счет этого появляется устойчивость микрочастицы — атом сохраняет равновесие. Ближайшие к центру электроны связаны с самим ядром, дальние от центра электроны имеют связи с внешним миром.

Украинским исследователем, академиком РАН   В. Лапшиным (13), установлено, что свободный неравновесный электрон — главный рабочий элемент энергетической организации живых систем; электрон – не волна-частица, как это утверждает современная квантовая механика, а частица-осциллятор, способная при своем переносе накапливать энергию и порождать электромагнитные излучения и волны (в том числе и продольные). То есть, вид энергии определяется величинами качества работы электрона, частицы-осциллятора: чем ниже напряжение, тем вибрация грубее и ритм поверхностей — это грубый вид природы энергии; чем выше напряжение, тем вибрация тоньше и ритм углубленней — это тонкий вид природы энергии. Имея в своем теле миллиарды свободных электронов, работающих в разных режимах, Человек сообщает Миру о своей энергетической организации — грубой или тонкой. «Содержанием» Мира, будь то человек или мир вокруг него, является то, что несет в себе энергия материи или поля — именно Информация. Кроме того, Информация, путем естественного отбора, приводит к развитию самого Мира, вводит Мир в эволюцию.

Информационно-энергетическое поле — это не что иное, как напряжение, вибрация, ритм движения волны плотности времени. Информация переносится этой волной в формы материи, из одного ее вида в другой. Причем, волна плотности времени переносит информацию, а течение времени вносит ее в недра материи, где она обретает силу и развитие.

Человек должен стать требовательным к себе, ибо он ответственен за качество и содержание своих излучений; он должен понять, что блага его и беды зависят от морального поведения и мышления, от уровня его духовности.

Все взаимосвязано, и человек обретает то же, что и излучает, ответный удар пространства по человеку осуществляется силами Природы человеческими же излучениями. Это, прежде всего, определяет состояние физического здоровья человека, влияет на его нервную, психическую и духовную сферы, отсюда проистекают социальные отношения между людьми и космическое положение каждой конкретной индивидуальности. Так Человек, в сердце своем желающий всему миру благосостояния и богатства, сам будет иметь их; желающий зла, сам обретет его; на ненавидящего обрушиваются болезни тела и духа, равно как и на злящегося; к добропорядочному Природа милостива, к вселюбящему — учтива, к радующемуся и к радующему добра; к возвышено жаждущему — щедра; к торжественно устремленному – всепредставима; к сострадающему — исцеляюща; к тому, кто совершенствуется, она, как кладезь знания, отверзшийся в беспредельность возможностей, раскрывает путь в Эволюцию, в космическое Бытие.

Негативные личностные характеристики Человека влияют на перевод спин — эффекта ядер атомов, а затем и клеток организма из правовращения (норма) в левовращение.

Одной из технологий получения нового Знания о Мире и о себе может служить «Способ энергетической коррекции здоровья», автор - Самойлова Наталья Фёдоровна, который, гармонизируя сознание в соответствии с нормами Бытия, позволяет:

-        не входить в противоречие с Миром;

- гармонизировать собственный строй энергий и, следовательно, Пространство вокруг себя;

-        получать новые Знания.

Способ относится к области медицины, в частности, к физиологии (гр. Physis - природа + logia — наука о жизнедеятельности целостного организма и его отдельных частей); по мнению Ф. Ницше, основная наука о Жизни.

Основными Законами, охраняющими Жизнь, есть Закон Саморегуляции в Природе и Закон Ритма.

Важно научиться синхронизировать энергетические процессы, происходящие в организме Человека, с энергетическими процессами, происходящими во Вселенной и, только, тогда можно войти в режим саморегуляции   в Природе и не противоречить ей. Осуществляя полную релаксацию мышц в период подъема суточного солнечного биологического ритма   и   сопровождая   релаксацию   воображаемыми   образами,   (т.е. задействовав хрональную и метрическую составляющие материи), Человек способен   войти   в   природный   режим   саморегуляции   в   нашем пространственно-временном континиуме. То есть, система «Человек», как система, повторяющая в миниатюре законы Природы, Бытия, будет работать в режиме наибольшего благоприятствования, в режиме природного ритма (в данном случае суточного), что автоматически способствует:

- самостоятельному   регулированию   физиологических процессов в организме;

- самостоятельному,   в   виде   ежемесячных   состояний недомогания (длительность до 48 часов), отторжению болезни;

- ориентированию Человека на работу над собой, с позиций саморегуляции;

- осуществлению (в связи с тонкой связью систем «мать — ребенок», «близкие люди») с помощью механизмов саморегуляции коррекции физического и психического состояния близких людей (для детей в возрасте до 8 лет — процесс постоянный; для людей любого другого возраста — во время приступа болезни или во время ритмических (ежемесячного, годового и т.д.) состояний недомогания (кроме случаев с онкологическими больными);

- самостоятельному   осуществлению   биоэнергозащиты   от влияния всевозможных информационных полей;

- в случае необходимости, осуществлению биоэнергозащиты своему ребенку, близкому человеку как во время приступа болезни, так и во время ритмических (ежемесячного, годового и так далее) состояний недомогания (кроме случаев с онкологическими больными).

Следует обратить особое внимание на внутрисуточный ритм (кстати, согласно пониманию древних, сутки представляли собой годовой цикл природы: весна, лето, осень, зима или же, по аналогии, жизненный цикл Человека: рождение-детство, юность, зрелость, смерть).

Ритмы (околосуточные, циркадные, месячные, годовые, 3-х годовые, 5-летние, 11-летние, 33-х летние, 100-летние и т.д.) достаточно полно освещены в литературе многими авторами (Н.А. Агаджанян, Ю. Ашофф, А.А. Чижевский, С.Э.Шноль и др.). Внутрисуточные ритмы (24-х часовые) достоверно выявлены и скрупулезно описаны, пожалуй, только у одного автора — Л.Я. Глыбина. Суточный режим работы материй представляет из себя синусоиду, т.е. налицо подъемы и спады .

«Эволюция клеточных часов происходила в условиях постоянного возмущения клеток суточными изменениями условий среды и клетки впадали в резонанс с этими возмущениями. Способность клеток к резонансу, дававшая им очевидное преимущество перед нерезонировавшими клетками, была подхвачена отбором и стала наследственным признаком» (14, с. 13).

Чтобы разобраться в процессах, происходящих в организме при работе по данной технологии, в оптимальном варианте использования синхронизации сжатие-расслабление по времени природного ритма , обратимся к работам В. Лапшина, которым установлено, что:

- каждый из нас содержит в себе комплекс миллиардов ранее неизвестных источников энергий — ускорителей электронов, от рационального использования которых зависит наше самочувствие, здоровье и долголетие. Причем, все эти первичные источники энергии имеют прямое отношение к высокотемпературной сверхпроводимости;

- основными носителями тока в растворах электролитов и системах на их основе (в т.ч. в биосистемах) являются электроны;

- перенос и ускорение электронов в сверхпроводниках (в т.ч. биологического происхождения) осуществляется одновременно в нескольких направлениях;

- главная особенность переноса электронов в воде, в водных растворах и комплексных системах на их основе (в т.ч. и в биосистемах) — перенос с ускорением, перенос, сопровождающийся накоплением, переносом и перераспределением энергии;

- каждая живая биосистема в результате реализации здесь процессов переноса неравновесных электронов с переменной скоростью излучает электромагнитные волны (электрон – частица-осциллятор), которые могут быть «приняты» с помощью рецепторов другими любыми биосистемами;

- аккупунктурные системы человека и животных – БАТ (биологически активные точки) и БАЗ (биологически активные зоны) со связывающими их сверхпроводящими каналами, способны генерировать ток;

- накапливающиеся в организме свободные электроны – не только главные участники окислительно-восстановительных биохимических процессов, но и главные транспортеры молекул, ионов, органелл и отдельных клеток;

- высокие скорости ферментативных процессов обусловлены тем, что белки-ферменты есть ускорители электронов, генераторы энергий;.

- ускоряющийся электрон, ускоряющие электрон электрические поля и АТФ (аденозинтрифосфат) — главные элементы энергетической организации живого Мира;

- если в организме по какой-либо причине начинают слабо протекать процессы синтеза и гидролиза АТФ, то здесь сразу же возникает дефицит неравновесных свободных электронов, т.е. становится меньше квантовых частиц, способных накапливать, переносить и перераспределять энергию, что, в свою очередь, ведет к тому, что уменьшается общее число носителей зарядов — главных участников окислительно-восстановительных процессов, определяющих явление под названием Жизнь;

- каждому человеку возможно получать свободные электроны . не с помощью митохондрий и гидролиза АТФ собственного организма, а непосредственно из окружающей среды, из Космоса, из так называемых первичных материй (11).

Исходя из изложенного следует, что если энергетическое обеспечение отдельных клеток, органов ухудшается (это могут быть стрессы, страх, неблагополучный социум, гиподинамия и т..д.), возникают условия для неравномерного (аномального) распределения электронов и энергии в организме. И необходимо регулирование концентрации свободных электронов в клетках и системах организма, с помощью которого предупреждается возникновение патологических процессов в организме, преждевременное старение, смерть.

При напряженном состоянии мышц акупунтурные системы человека (мощные накопители энергии) не смогут ускорять электроны, приобретать энергию и генерировать ток. Расслабив скелетную мускулатуру всего организма, человек ставит свой организм в режим максимально возможного приема свободных электронов из окружающей среды.

Биосистема (человек) является квантово-механической системой, образованной локализованными и движущимися микрозарядами, и может:

- при определенных условиях генерировать (порождать) информационно-энергетические системы, способные получать информацию извне;

- самопроизвольно перемещаться в пространстве и совершать работу, это так называемые электронно-полевые (волновые) тонкие структуры; (15) - как подтверждение выводов В. Лапшина).

Получая первичную материю извне, электронно-полевые (волновые) тонкие структуры могут покидать человеческое тело и получать информацию в любых слоях Мироздания; точнее там, где режим существования Мира идентичен режиму существования тонких структур.

Срабатывает система матриц, собственно, резонанс.

Поэтому, так необходима работа каждого над самим собой; утончая свои энергии, Человек становится проводником Идей и Знаний высоких миров — Миров Души и Духа.

Исходя из вышеизложенного, можно констатировать, что данная технология является информационной.

Вот как описывает процесс приема информации Ф.Ницше: «Понятие откровения в том смысле, что нечто внезапно с несказанной уверенностью и точностью становится видимым, слышимым и до самой глубины потрясает и опрокидывает человека, есть просто описание фактического состояния».

«...инстинкт ритмических отношений, охватывающий далекие пространства форм, продолжительность, потребность в далеко напряженном ритме, есть почти мера для силы вдохновения, своего рода возмещение за его давление и напряжение... все происходит в высшей степени непроизвольно, но как бы в потоке чувства свободы, безусловности, силы, божественности... Непроизвольность образа, символа есть самое замечательное; не имеешь больше понятия о том, что образ, что сравнение; все приходит как самое близкое, самое правильное, самое простое выражение» (16).

Также, для постижения истины можно и должно использовать и интуицию. В ряду систем приема информации интуиция занимает особое место по нескольким причинам:

1. Принцип приема информации — от общего к частному, т.е. информация поступает сразу и вся.

2. В информации, полученной таким способом, всегда есть принципиально новое знание о предмете или процессе, которое при определенных условиях можно осознать и использовать для познания.

3. Единственный возможный способ принятия сразу всей информации — через резонанс (резонанс — это резкое увеличение амплитуды колебаний в системе при взаимодействии 2-х и более волн с одинаковыми параметрами).

Получение информации через интуицию сопровождается резонансом на 4-х уровнях:

- момент принятия информации в информационном поле Человека;

- передача информации с волокна соединительной ткани на уровень мотонейрона к нервному волокну и шванновской клетке;

- трансформация энергии сигнала в энергию нервного импульса на уровне ретикулярной формации [лат. reticulum — сеточка, м. б. некоторою плотностью атомов в кристаллической решетке];

- момент осознания: резонанс в коре головного мозга.

Неосознание полученной информации вызывает нарушения разных уровней. Первопричиной, ведущей к возникновению самой возможности этих нарушений, являются любые действия человека, ведущие к формированию стойких очагов возбуждения в коре головного мозга, в т. ч. эмоции — как положительные, так и отрицательные. (Эмоция — это стойкое кольцевое движение возбуждения по коре головного мозга, выключающее кору из процессов осознания) [вот почему необходима релаксация — как альтернатива данному процессу]. А также, первопричиной являются негативные личностные качества: безразличие, страх, лень, неверие в свои силы, невосприятие себя творческой личностью, установление потолка в своем развитии и т.п.

А ведь Человек — Божественен!!!

«Красота сверхчеловека приблизилась ко мне как тень. Что мне теперь до богов!» - восклицает Ф.Ницше устами Заратустры!

Работа по «Способу» позволяет Человеку быть здоровым физически, морально. Здоровый Человек – Человек, не отделяющий себя от Мира, живущий в соответствии с Законами Бытия; Свободный Человек.

И далее, констатируем тот факт, что только наличие полноценного информационно-энергетического обмена организма с окружающей средой, является необходимым условием действительного восстановления здоровья Человека.

«Имейте же смелость поверить себе и нутру своему! Кто не верит себе, тот всегда лжет». «Он побеждал чудовищ и разгадывал загадки: избавителем, разрушителем и победителем всего чудовищного и загадочного в себе самом пусть станет он теперь и преобразит своих чудищ в небесных детей».

«И поверь мне, адов шум! Величайшие события — это не самые шумные, а самые тихие часы наши.

Не вокруг тех, кто измышляет новый шум, а вокруг изобретателей новых ценностей вращается мир; *неслышно* вращается он».

Так говорил Заратустра. Так говорил певец Жизни, блистательный Фридрих Ницше.

МПК (2010) A61M 21/0

Способ энергетической коррекции здоровья

Изобретение относится к области медицины, а именно, к физиологии человека и к области информационных технологий.

Актуальность изобретения связана с тем, что известные способы профилактики здоровья не увязывают природные энергетические процессы вне организма с такими же в самом организме, что и способствовало созданию предлагаемого способа.

Известны способы психофизической тренировки здоровья (ПФТЗ), например, - традиционная индийская йога (различные ступени или направления), который заключается в направлении сознания к любым избранным частям тела (через определенные позы, дыхательные упражнения, звуки) и концентрации (удержании) внимания на предмете тренировки (избранный орган, часть тела и т.д.), что приводит, в конечном счете, к укрощению, подчинению процессов, происходящих в выбранном органе и организме в целом, воле человека. -Teoria i metodiky cwiczeny relaksovo -

Koncentrujacyсn / Pod redakcja prof . D-r Med. Stanislava Grochmala, III. - Warszava, 1979. - Panstwowy zaklad Wydownictw Lekarnickich. - С. 22, 31, 225, 250, 260, 263, 266, 271, 276, 288, 291, 296, 307, 310, 312, 317, 330.

Однако, при использовании данного способа не учитывается способность организма к самостоятельной регуляции (саморегуляции) физиологических процессов в режиме природного суточного солнечного биологического ритма.

Известен, также, способ ПФТЗ - китайская цигун-терапия, в котором, в зависимости от поставленной цели, акцент делается на определенной тренировке. Он заключается в тренировке мысленных состояний, требующих концентрации мысли на одном объекте, приводящих кору головного мозга в особое заторможенное состояние; в тренировке дыхания, включающей в себя выдох, вдох, глубокий выдох, быстрое короткое дыхание, придыхание со звуком, задержку дыхания; в тренировке положения, посредством принятия телом различных положений, как то: ходьба, стояние, сидение, лежание, стояние на коленях и массирование. - Брешин С.К. Китайская цигун-терапия (перевод с английского). – М.: Энергоатомиздат, 1991. - С. - 12-23.

Но при использовании этого способа «Система Человек» не рассматривается как саморегулирующаяся, поскольку, для достижения определенного эффекта необходимо провести три вида действий, направленных на: «регулирование концентрации мысли», «регулирование дыхания» и «регулирование положения». Кроме того, хотя человек и рассматривается как целостная система, применение техники цигун-терапии по времени привязывается к локальным подсистемам (например, тренировка и лечение мочеполовой подсистемы по времени не совпадает с тренировкой и лечением сердечно-сосудистой подсистемы и т.п.), что приводит к одностороннему усилению функционирования отдельных подсистем.

Известен, также, способ ПФТЗ, который заключается в релакс-тренинге с использованием элементов самовнушения, а именно, в сознательном регулировании дыхания, напряжения - расслабления в определенных группах мышц, образном представлении нормального функционирования органов, словесном подкреплении данной доминанты. - Динейка К. Движение, дыхание, психофизическая тренировка. – Киев: Здоровье, 1988. - С. 42, 43, 45, 47, 60.

Однако, при использовании данного способа повторением определенных фраз, звуков, формул, образных действий производится воздействия на свое физическое и психическое состояние без учета способности организма, как саморегулирующейся системы, которая работает в режиме природного суточного солнечного биологического ритма, корректировать свое физическое и психическое состояние, что, также, ведет к одностороннему усилению функционирования отдельных подсистем организма.

Существует, также, способ ПФТЗ - интуиционный аутотренинг Шульца, который заключается: в осознании, ощущении веса тела, что ведет к непосредственному расслаблению скелетных мышц, расширению сосудов и расслаблению гладких мышц; в регуляции пульса, в управлении деятельностью сердца и легких; в снятии напряжений живота путем воздействия на нервные центры; в усилении регулирования деятельности сосудов в зоне головы (ощущение холода на лбу). -Teoria i metodiky cwiczeny relaksovo - Koncentrujacycn / Pod redakcja prof. D-r Med. Stanislava Grochmala, III. – Warszava: Panstwowy zaklad Wydownictw Lekarnickich, 1979 - C. 208, 212.

Но, при использовании этого способа человек с помощью самовнушения учится влиять на свое физическое и психическое состояние, также, не учитывая, что «Система Человек» является саморегулирующейся системой. Это приводит к улучшению состояния отдельных мышц, но не к улучшению состояния здоровья в целом.

Существует и имеет аналогичный смысл способ ПФТЗ - постепенного ступенчатого релакса Джекобсона, который заключается в сознательном регулировании напряжения - расслабления в отдельных группах мышц и полной релаксации всех мышц. - Общая психотерапия. – Минск: Вышейшая школа, 1993. - С. 98-100.

Однако, и при использовании данного способа, человек регулирует мышечные напряжения - расслабления сознательно, его действия направлены на ограниченные цели, как-то: снятие усталости, обеспечение экономных движений и экономного расходования мышечной энергии .

Наиболее близким к предлагаемому решению является способ ПФТЗ в котором напряжение - расслабление по времени осуществляют с 6 до 8, с 12 до 14, с 16 до 20 часа и перед сном, но не позднее 23 часов. - Глыбин Л.Я. Внутрисуточная цикличность проявления некоторых заболеваний. – Владивосток: Издательство Дальневосточного университета, 1987. - С.156-161, а релаксацию сопровождают мысленными образами, которые способствуют естественному отдыху, причем, продолжительность релаксации устанавливают не менее 15 минут, что позволяет улучшить состояние здоровья в целом. Сущность этого способа заключается в том, что когда «Система Человек», как система, повторяющая в миниатюре Законы Природы, Бытия, работает в режиме наибольшего благоприятствования, в режиме природного суточного солнечного биологического ритма, она входит в режим саморегуляции природных процессов. Данный способ состоит из пяти фаз: I - подготовка к расслаблению, настройка самого себя, всего организма на работу над собой; II - напряжение и расслабление (последовательно напрягают и расслабляют мышцы и органы в течение времени, необходимого для полного расслабления конкретного органа или мышцы, без резких движений, предварительно фиксируя внимание на конкретном органе или мышце). Если по какой-то причине (например, паралич) Человек не может осуществить сжатие – расслабление определённой группы мышц, он должен представить это действие.

Процесс осуществляется в следующем порядке:

1)	лоб – сжимают и расслабляют мышцы лба, поднимают и опускают брови и т.д.;

2)   глаза – сначала сжимают и расслабляют мышцы одного глаза, затем другого. Нельзя расслаблять мышцы обоих глаз сразу, т.к. глаза – это парный орган, который дублирует своё заболевание и, поэтому, требует разрыва информационной связи. Итак, осуществляют вращение глаза, сжатие века; необходимо обратить внимание на глазное дно, посмотреть на глаз изнутри, прочувствовать веки, ресницы и расслабить. Затем представляют оба глаза вместе спокойными, ненапряжёнными, добрыми;

3)   мышцы лица – медленно двигают, как перед кривым зеркалом, мышцы скул, висков, затем – расслабление и улыбка. Улыбка необходима, т.к. она осуществляет обратную связь – человек улыбнулся и, автоматически, происходит расслабление организма;

4)   челюсть – напряжённо двигают челюстью, открывают рот, напрягают, закрывают и снимают напряжение;

5)   язык – напрягают язык, прижимают к дёснам, зубам, нёбу, фиксируют корень языка и расслабляют. Обязательно, представляют своё лицо молодым, красивым, добрым с хорошей, здоровой, упругой кожей;

6)   шея – зафиксировав особое внимание на задних мышцах шеи, плавно поворачивают голову вправо, влево, поднимают подбородок кверху, опускают подбородок на грудь, напрягают и расслабляют задние мышцы шеи;

7)   плечи, руки – поднимают плечи вверх и опускают, покручивают руками, прочувствовав мышцы рук от плечевого сустава до кистей; сжимают - разжимают кулаки и в сжатом состоянии, с силой, прижимают кулаки к плечам, затем расслабляют руки и опускают в удобное для них положение. Представляют кожу рук ненапряжённую, эластичную, здоровую, молодую. После этих упражнений дыхание нормализуется, становится лёгким, свободным. Вдыхают воздух через нос, прослеживая путь воздуха от макушки до пальцев ног. Начиная с этого момента, наступает ощущение покоя и стабильности, включается механизм саморегуляции;

8)   мышцы живота – втягивают и отпускают живот, прижимают его к позвоночнику, затем выдыхают и расслабляются. Этот момент необходимо запомнить;

9)   мышцы спины – пробуют двигать всеми мышцами спины, чувствуют позвоночник, каждый позвонок, затем выгибают спину, держат в напряжении и расслабляют. Представляют спину ненапряжённой, ровной, красивой;

10)   колени – сводят, разводят; устанавливают мысленное расстояние между головой и коленями и, разгибая колени, увеличивают это расстояние. Фиксируют внимание на коленных чашечках и мышцах вокруг них, а затем снимают внимание;

11)   мышцы бёдер, малого таза, промежности – напрягают мышцы, втягивают прямую кишку как можно выше, держат в напряжении и расслабляют мышцы;

12)   голеностопные суставы, мышцы голени – покрутив ступнями подают носки на себя, от себя, напрягают и расслабляют.

После этого представляют поверхность кожи всего тела ненапряжённую, гладкую; представляют схему тела снизу вверх: ноги, туловище, руки, голову, зафиксировав монолитность и весомость тела.

III – собственно, отдых, расслабление (мысленно представляют себе картину: зеленая лужайка, море, горы, поле, дубраву и т.п., наполненную солнцем, счастьем, спокойствием, чувствуют и фиксируют эту радость отдыха и покоя, легкость тела и снимают внутреннее напряжение (работа в 23 часа завершается этой фазой); IV - «полет» (представляют себе голубое небо, мысленно поднимаются, идут по зеленой лужайке, ускоряют ход, отрываются от земли и парят в воздухе. Через некоторое время «полета» переворачивают картину на 180 ° - небо снизу, а трава зеленая сверху, испытывают чувство радости «полета», естественности этого и воспринимают данное состояние («полет») как нормальное. При этом, важно менять образ от сеанса к сеансу, т.е. не должно быть зафиксированного раз и навсегда образа. Ощутив радость «полета» выражают благодарность данному состоянию, себе, окружающему Миру; затем, мысленно, возвращают картину на место, т.е. переворачивают, и возвращаются на зелёную лужайку: V – завершение (1) – для детей до 8 лет состояние «полета» осуществляет мама или близкий человек, которые представляют себя с ребенком на зеленой лужайке, а потом вместе с ней летают (в данном случае для ребенка мама выступает в роли биооператора). Тоже самое можно проводить и для близкого человека; завершение (2) - фиксируют состояние тела с ног до головы, медленно бессистемно двигают органами и мышцами, фиксируют легкость лица, крутят языком внутри рта, фиксируют легкость в легких и в верхней части головы, сжимают и разжимают ладони (ладонями вниз), глубоко вдыхают воздух, открывают глаза, собирают руки в замок, закрывают глаза, вытягивают руки над головой как можно выше, напрягают все мышцы и, опуская руки, расслабляются и отдыхают несколько минут с закрытыми глазами; затем открывают глаза. – Качергюс Антанас Альгимантас Мотеяут (LT), Самойлова Наталья Фёдоровна (UA), Щербина Татьяна Фёдоровна (UA) - Патент Российской Федерации на изобретение № 2141352 , МПК A61M 21/00. - Способ психофизической тренировки здоровья. - Опубл. 20.11.1999 г., Бюл. № 32, часть 1.

Этот способ наиболее эффективен из существующих и, поэтому, выбран в качестве прототипа.

К недостаткам прототипа относится то, что при его использовании осуществляются, несколько, узкие цели, как-то: регулирование физиологических процессов, происходящих в организме, корректировка физического и психического состояний организма; корректировка состояния здоровья в целом (без акцента на получение информации о причинах нарушения здоровья; корректировка физического и психического состояний близких людей; биоэнергозащита от воздействия разнообразных информационных полей. К тому же, время напряжения - расслабления, указанное в данном способе, не всегда соответствует такому, при котором имеют место периоды максимального суточного солнечного биологического ритма, а наоборот, иногда, идёт их снижение . Наконец, этот способ адаптирован к сезонным колебаниям времени ± 2 часа; к социальным возможностям, что не всегда соответствует периодам максимального суточного солнечного биологического ритма.

Задачей изобретения было создание способа, позволяющего:

- приводить в равновесие собственную энергетику организма (что, собственно, и есть здоровье);

- не входить в противоречие с Миром;

- получать новые знания и информацию.

Технический результат – энергетическая коррекция здоровья, по сути, - оздоровление организма человека на основе физиологических приёмов – с учётом природных суточных солнечных биологических ритмов.

Указанная задача достигается тем, что человек сознательно выполняет действия, которые способствуют активизации аккупунктурных систем (БАТ и БАЗ) со связывающими их сверхпроводящими каналами, а, затем, осуществляет релаксацию в режиме наибольшего благоприятствования, в режиме природного суточного солнечного биологического ритма - между 5 и 6 , 11 и 12, 16 и 17, 20 и 21 часами суток и с их конца (24 часа) до 1 часа следующих суток.

Признаками, отличными от прототипа, являются растягивание мышц и растирание (похлопывание, разминание) кожи и подкожной клетчатки всего тела перед релаксацией, а, также, осуществление релаксации в периоды, именно, максимального суточного солнечного биологического ритма.

Сущность изобретения объясняется следующим.

Установлено, что:

- Мироздание - это информационно – энергетическая система Миров; человек – это особая, высшая информационно – энергетическая электронная космическая система, живущая и работающая с помощью потоков Аттомира.

Классификация Миров такова: 1.Аттомир; 2. Фемтомир; 3. Пикомир; 4. Наномир; 5. Микромир; 6. Макромир; 7. Мегамир; 8. Гигамир; 9 Тетамир; 10. Цетамир.

Начальные ступени этой классификации соответствуют тонким мирам, последующие – более грубым. Вейник В.-А. И. Термодинамика реальных процессов, - Минск: навука и тэхника, 1991, 576. – С. 46 (далее – ТРП);

- перечисленные уровни Мироздания существуют как один возле другого, так и один внутри другого (ТРП, 49;

- потоками Аттомира наполнена вся Вселенная и каждая живая система на Земле; внутри каждого из нас и рядом с нами существует тонкий (пико-) и сверхтонкий (фемто-) миры (ТРП, 514);

-наша Вселенная представляет собой хронально-метрический мир. (ТРП, 514).   Материя в нём существует в виде вещества или поля. Существуют разнородные простые вещества, из которых построена наша Вселенная, как то: магнитное, электрическое, вермическое (термическое), ротационное, вибрационное, метрическое (пространства), хрональное (времени), проявляющее себя в виде энергии (количеством поведения): магнитной, электрической, вермической, ротационной, вибрационной, метрической и хрональной. (ТРП);

-        - особенностью микровещества на уровне микромира является его квантовая структура, состоящая из определённого набора простых веществ, ансамбля (ТРП, 219);

- хрональное вещество присутствует на всех количественных уровнях мироздания – нано-, микро-, макро- и т. д. В микромире порции (кванты) хронального вещества входят в состав различных частиц (ТРП, 324);

- во Вселенной, на Земле и в каждой биологической системе существуют и действуют «квантово-электромагнитные системы», в которых существуют, могут создаваться, изменяться или исчезать ускоряющие и замедляющие   заряжённые   микрочастицы   (например,   электрон   ) электрические поля, может накапливаться и выделяться значительная энергия;

- «квантово-электромагнитные системы» способны поглощать, хранить и излучать информацию в связи с информационностью электромагнитных волн, электронов, протонов, нейтронов, молекул и вей материи;

- в «квантово-электромагнитных системах» могут зарождаться и поглощаться электромагнитные излучения и волны (в том числе, и продольные;

- «квантово-электромагнитные системы» могут генерировать (порождать) информационно – энергетические системы, способные получать и излучать информацию, свободно перемещаться в пространстве и осуществлять работу – это так называемые волновые тонкие структуры;

- существуют и действуют во Вселенной, на Земле и в каждой живой системе – экологически чистые первичные источники энергии = природные укорители электронов (синхротроны); в каждой биосистеме содержатся многие сотни миллиардов природных ускорителей электронов;

- электроны в «квантово-электромагнитных системах» движутся с переменной скоростью в электрических полях – ускоряются или замедляются. Вследствие этого, они способны порождать или поглощать электромагнитные излучения и волны, электрон – не волна-частица, а частица –осциллятор. Электроны – это паразамкнутые электромагнитные волны. Потоки электронов во Вселенной переносятся с огромной скоростью по электромагнитным волнам;

- основными носителями тока, энергии, информации в растворах электролитов и системах на их основе (в том числе, в «квантово-электромагнитных биосистемах») являются электроны;

- главная особенность переноса электронов в воде, в водных растворах и комплексных системах на их основе (в том числе, в «квантово-электромагнитных биосистемах») - перенос с ускорением, перенос, который сопровождается накоплением, переносом и перераспределением энергии и информации;

- аккупунктурные системы человека и животных (БАТ и БАЗ) со связывающими их сверхпроводящими каналами, способны генерировать ток;

- главными компонентами транспорта и обмена веществ в водных растворах электролитов и системах на их основе (в том числе, в «квантово-электромагнитных биосистемах») являются свободные электроны;

- ускоряющийся электрон, ускоряющие электрон электрические поля и аденозинтрифосфат (АТФ) – главные элементы энергетической организации живого мира;

- транспорт молекул в живых биосистемах осуществляется потоками свободных информационных электронов с позитивной информацией;

- транспорт в живых биосистемах веществ, несущих в себе ту или иную негативную информацию, значительно, затруднён;

 - во Вселенной, на Земле и в каждом живом организме работают различные типы свободных информационных электронов (СИЭ) – концентраторов и распределителей потоков Аттомира (ред. моя);

- каждому человеку возможно получать свободные информационные электроны не только с помощью митохондрий и гидролиза АТФ собственного организма, а непосредственно из окружающей среды. из Космоса, из, так называемых, первичных материй;

- распорядителями и распределителями космической информации во Вселенной являются управляющие системы Аттомира (ред. моя) – в нашей солнечной системе –Солнце;

- вокруг каждой молекулы Жизни – АТФ – вращаются четыре СИЭ-АТФ – приёмника и распределителя потоков Аттомира (ред. моя), несущих информацию АТФ, несущих информацию Жизни (Краткая справка об основных научных открытиях академика Лапшина В. А. и его сотрудников. Сайт спасительного Ковчега учёных Одессы, сообщение от 28.02.2006 г. (п.п. 4, 5, 6, 8, 10, 11, 12, 13, 16, 17, 19, 26, 40).

Когда «Система Человек» как система, повторяющая в миниатюре Законы Природы, Бытия, работает режиме наибольшего благоприятствования, в режиме природного суточного солнечного биологического ритма , она может войти и входит в режим саморегуляции в Природе и подчиняется Законам Мироздания.

Снимая напряжение мышц - растягивая мышцы всего тела перед релаксацией, растирая кожу и подкожную клетчатку всего тела, т.е. активизируя БАТ и БАЗ со связывающими их сверхпроводящими каналами, и дальше, расслабляясь во время максимального суточного солнечного биологического ритма (между 5 и 6, 11 и 12, 16 и 17, 20 и 21 часами суток и с их конца (24 часа) до 1 часа следующих суток), «Система Человек» органично встраивается в природные процессы саморегуляции в оптимальном, с точки зрения энергетики, «рабочем» состоянии - кожное сопротивление в это время минимально, темп жизненных процессов замедлен. ТРП. – С. 487 и «квантово-электромагнитная система Человек» способна получать максимальное количество СИЭ с позитивной информацией.

Электронно-полевые (волновые) тонкие структуры могут покидать человеческое тело и получать информацию в любых слоях Мироздания, точнее, там, где режим существования Мира, идентичен режиму существования тонких структур человека. Срабатывает, собственно, резонанс.

Таким образом, предлагаемую технологию можно отнести к энерго-информационным технологиям, и она позволяет:

- регулировать концентрацию свободных электронов любых типов в клетках и системах организма, предупреждая возникновение патологических процессов в организме, преждевременное старение, смерть;

- организму самостоятельно, в виде ритмичных (ежемесячных, годовых и т.п.) состояний недомогания (продолжительность до 48 часов) отторгать болезнь;

- осуществлять (в связи с «тонкой» связью систем «мать-ребенок» , « близкие люди ») с помощью механизмов саморегуляции коррекцию физического и психического состояний близких людей (для детей в возрасте до 8 лет - процесс постоянный, для людей любого другого возраста - процесс во время приступа болезни или во время ритмических состояний недомогания (кроме случаев с онкологическими больными);

- самостоятельно осуществлять биоэнергозащиту от влияния разнообразных информационных полей;

- в случае необходимости осуществлять биоэнергозащиту своему ребенку, близкому человеку во время приступа болезни или во время ритмических состояний недомогания (кроме случаев с онкологическими больными);

- т. к. потоки свободных электронов при работе поданной технологии движутся беспрепятственно (активизированы БАТ и БАЗ, сняты напряжения с мышц), активные элементы иммунных и защитных систем клеток организма СИЭ –АТФ принимают, распределяют, переносят потоки Аттомира (ред. моя) свободно и при переносе снимают негативную информацию с элементарных информационных первоисточников заболеваний, старения, смерти и превращают их в СИЭ с положительной информацией;

- ориентировать человека на ответственную работу над собой, объяснив ему основные постулаты и принципы работы «информационно-энергетических» систем «Аттомир – Фемтомир – Пикомир – Вселенная – Человек» в режиме Закона саморегуляции;

- приводить в энергетическое равновесие собственный строй энергий и Пространство вокруг себя, получая информацию о причинах нарушения здоровья;

- не входить в противоречие с Миром;

-получать информацию, в том числе новые знания, в любых слоях Мироздания.

Процесс реализуется следующим образом.

Во-первых, работа совершается с 5 до 6, с 11 до 12, с 16 до 17, с 20 до 21 часа суток и с их конца (24 часа) до 1 часа следующих суток.

Во-вторых, реализация включает два этапа.

Первый этап состоит из двух фаз:

- растяжение мышц - необходимо сделать физические упражнения лежа, сидя или стоя. Это могут быть: всевозможные подтягивания, висы на руках, висы с поворотами, вытягивание рук, ног; наклоны вперед, в стороны; повороты плечевым поясом, тазом; прогибы спины. Упражнения достаточно комфортные, без лишних усилий;

- растирание (похлопывание, разминание, легкий массаж) кожи и подкожной клетчатки всего тела (можно производить действия лежа, сидя, стоя). Обратить особое внимание на растирание ушей, рук, ног (при варикозном расширении вен, тромбофлебитах массирование кожи не показано - только поглаживание); в случаях невозможности двигать какой-то частью тела показан, даже, грубый массаж (при онкологических заболеваниях БАЗ не активизируются).

Второй этап состоит из пяти фаз:

1 – психологическая настройка организма к работе над собой;

11 – последовательное напряжение и расслабление следующих мышц:

лба, глаз, мышц скул, висков, челюсти, языка, шеи, плеч, рук, мышц живота, спины, коленных суставов, мышц бёдер, промежности, голеностопных суставов и голени;

111 – мысленное представление и фиксация чувства расслабления, лёгкости в теле;

1V – представление ощущения собственного полёта над землёй с последующим переворотом воображаемой картины на 180 градусов – небо внизу, земля вверху, и возвращением обратно;

V – медленные бессистемные движения мышц тела с их напряжением и расслаблением, отдых с закрытыми глазами.).

(Если по каким-то причинам. не получается первая фаза, то лучше пропустить данное время расслабления и осуществить релаксацию в следующий максимальный подъём суточного солнечного биологического ритма, сохраняя, всё также, продолжительность релаксации не менее 15 минут).

Заявитель:_Самойлова_________________________Самойлова Н.Ф.

Уважаемые Читатели, Партнёры, Коллеги!

Меня зовут Наталья Самойлова.

Я разработала «Способ энергетической коррекции здоровья», которым хочу поделиться с Вами.

Ранее, в 1996 г. я, в соавторстве с коллегами – Качергюсом Антанасом Альгимантасом Мотеяусом (LT) и Щербиной Татьяной Фёдоровной (UA), запатентовали в России «Способ психофизической тренировки здоровья», патент на изобретение № 2141352 RU (далее –«Способ») и поддерживали его в силе.

Решив расширить информационные возможности «Способа» (был взят за «Прототип»), я подала заявку на изобретение на «Способ энергетической коррекции здоровья».

После 5 лет переписки (??) Патентным ведомством России было принято решение о выдаче патента на моё изобретение…, но в усечённой редакции – касательно информационного обеспечения.

С таким положением я не согласна, поэтому выкладываю первоначальную редакцию «Описания изобретения» в Интернет

Читайте, анализируйте, работайте с Ответственностью перед Миром!!!

27

Список используемой литературы:

1.Гаджиев С. Геополитика.-М.: Межд. отношения, 1997;

2.Кастельс М. Информационная эпоха: экономика, общество и культура: Пер. с англ.- М.: ГУ-ВШЭ, 2000;

3.Емельянов Ю.В. Рождение и гибель/цивилизаций. – М.:Вече, 1999;

4.Третья мировая (информационно-психологическая) война. – М.: Институт социально-психологических исследований, 2000;

5.Україна в сучасному геополітичному просторі: теоретичний і прикладний аспекти: Кол. Монографія за ред.. Ф.М.Рудича. – К., МАУП, 2002;

6.Ворсинов Г.Г., Ененко Ю.А., Заречнов А.И., Розовский Б.Г. Парадоксы экологического кризиса. – Луганск,/1993;

7. Самойлова Н.Ф.«Способ энергетической коррекции здоровья», опубл. 23.08.2018. Адрес публикации: http://pedsovet.su/toad/43-1-0-525582;

8.Ницше Ф, Антихрист. Проклятие христианству. – Минск: Попурри, 1997;

9. Вейник В.-А.И Термодинамика реальных процессов. – Минск: Навука, 1991;

10.Шипов Г.И. Теория физического вакуума. Теория, эксперименты и технологии. – М : Наука,19997;

11. Левашов Н. В. Неоднородная Вселенная. – Сайт Левашова Н. В.;

12.Ницше Ф. Так говорил Заратустра. – Минск: Попурри, 1997;

13.Лапшин В.А. Серия статей в журнале «Природа и человек» («Свет») за 1991 – 1999;

14.Глыбин Л.Я. Внутрисуточная цикличность проявления некоторых заболеваний. – Владивосток, Дальневосточный университет, 1977;

15.Валентинов А. Виртуальная правда. – М.: Российская газета, 05.07.1996;

16.Эссе HOMO. Как становятся сами собою. – Минск: Попурри, 1997.